Patrick Eirich

Aus der Reihe: e-fellows.net stipendiaten-wissen

e-fellows.net (Hrsg.)

Band 749

Raketenantriebe. Physikalische und technische Grundlagen

GRIN Verlag

Bibliografische Information der Deutschen Nationalbibliothek:

Die Deutsche Bibliothek verzeichnet diese Publikation in der Deutschen Nationalbibliografie; detaillierte bibliografische Daten sind im Internet über http://dnb.d-nb.de/ abrufbar.

Impressum:

Druck und Bindung: Books on Demand GmbH, Norderstedt Germany
ISBN: 978-3-656-47266-7

Dieses Buch bei GRIN:

http://www.grin.com/de/e-book/230837/raketenantriebe-physikalische-und-technische-grundlagen

Inhaltsverzeichnis

1. Einleitung

„In Zukunft müssen sich die Utopien beeilen, wenn sie nicht von der Realität eingeholt werden wollen.“

Wernher von Braun (1912-1977), bedeutender Raketeningenieur

Abbildung 1: Wernher von Braun (Alisch, 2009, 46)

Es ist schon erstaunlich, welche rasanten Fortschritte die Menschheit in den letzten 100 Jahren im Bereich der Technik gemacht hat. Aber es gibt wohl kaum einen Bereich, wo dieser Fortschritt deutlicher zu spüren war, als in der Raumfahrt. Wenn man bedenkt, dass im Jahre 1957 der erste Sputnik-Satellit ins Weltall geschossen wurde und nun schon bemannte Marsmissionen geplant werden, zeigt sich dies deutlich. Besonders Raketen haben die Grenzen des technisch Machbaren ausgereizt und üben damals wie heute eine starke Faszination aus. Thema dieser Arbeit sind die unterschiedlichen Antriebe von Raketen. Ziel ist es, einen kurzen Überblick über die physikalischen Grundlagen zu geben und dann die verschiedenen Typen vorzustellen. Es soll auch auf die Vor- und Nachteile der jeweiligen Systeme eingegangen werden und Ansätze erläutert werden, die in der Zukunft zu effizienterer Raumfahrt führen könnten. An geeigneten Stellen wird bevorzugt die Ariane 5 als Beispiel verwendet, da sie zu den fortschrittlichsten Trägerraketen unserer Zeit gehört.

2. Grundlagen der Raketen

So kompliziert ein Raketensystem auch aussehen mag, die physikalischen Grundprinzipien sind denkbar einfach: Das Rückstoßprinzip sorgt dafür, dass sich die Rakete im Weltraum fortbewegen kann. Außerdem ist es derzeit das einzige bekannte Antriebsverfahren, welches außerhalb der Erdatmosphäre funktioniert (Kilian, 2011, 182).

2.1 Drittes Newtonsches Gesetz

Erstmals mathematisch festgehalten wurde dieses Phänomen vom englischen Naturforscher Sir Isaac Newton (1643-1727): Das „3. Newtonsche Axiom" besagt, dass auf jede Aktion eine gleich große, in die Gegenrichtung wirkende Reaktion stattfindet („Actio = Reactio") (vgl. DLR, 2012). Dieser Sachverhalt lässt sich mit dem Impulserhaltungssatz, der ebenfalls von Newton formuliert wurde, veranschaulichen:

Impulserhaltungssatz

$$m_1 \cdot v_1 = -m_2 \cdot v_2$$

Mit m = Masse in kg, v = Geschwindigkeit in m/s

(vgl. DLR, 2000, 2)

Bei der Rakete bewirkt der Ausstoß der Gasmassen nach hinten eine Bewegung des Flugkörpers nach vorne (Buffet, 1996, 12). Ein Maß für die Antriebskraft einer Rakete ist der „Schub" und wird als Ableitung des Impulses nach der Zeit meist in Newton angegeben (DLR, 2000, 2; Ley, 2011, 142).

2.2 Raketengrundgleichung

Ebenfalls grundlegend zur Erklärung der Beschaffenheit einer Rakete ist die nach dem russischen Raumfahrttheoretiker Konstantin Eduardowitsch Ziolkowski benannte „Ziolkowski-Gleichung". Sie ist sogar so bedeutend, dass man häufig auch von der Raketengrundgleichung spricht (vgl. Alisch, 2009, 24, 25). Die Gleichung lautet:

$$v = v_e \cdot ln(\frac{M_v}{M_l})$$

Mit ihr kann man die Endgeschwindigkeit der Rakete (v) berechnen, indem man die Ausströmgeschwindigkeit der Gase (v_e) mit dem natürlichen Logarithmus des Verhältnisses von Startmasse/Vollmasse (M_v) zu Leermasse (M_l) multipliziert (Leitenberger, 2012c).

2.3 Stufentechnologie

Sieht man sich nun die Raketengrundgleichung an, kann man erkennen, dass es für die Steigerung der Nutzlast effizienter ist, auf einen Treibstoff mit höherer Ausströmgeschwindigkeit zu setzen, als auf eine leichtere Bauweise der Rakete, da die Logarithmusfunktion langsamer ansteigt. Nun ist aber eine Mindestgeschwindigkeit für die Rakete vorgeschrieben, um sie in eine bestimmte Umlaufbahn (Orbit) zu bringen. So hat z. B. ein 200 km hoher Orbit, sogenannter „Low Earth Orbit" („LEO") einen Geschwindigkeitsbedarf von ca 7,8 km/s (Leitenberger, 2012c). Da die Rakete aber in den dichteren Schichten der Erdatmosphäre noch der Luftreibung ausgesetzt ist und zudem senkrecht beschleunigt wird, ist die benötigte Geschwindigkeit noch höher (vgl. Buffet, 1996, 10). Nur das Stufenprinzip, d. h. die Aufteilung der Rakete in mehrere Stufen, kann diese Anforderung erfüllen. Dazu wird jede Stufe nach dem Ausbrennen abgesprengt und die nächste gezündet (Ley, 2011, 150). Wendet man diesen Sachverhalt wieder auf die Raketengrundgleichung an, so wird jede Stufe wie eine separate Rakete behandelt. Dabei ist zu beachten, dass zu der Voll- und Leermasse der aktuellen Stufe noch die Masse der oberen Stufen hinzukommt. Da jedoch die einzelnen Geschwindigkeiten der Stufen addiert werden, kann eine viel höhere Endgeschwindigkeit erreicht werden (Leitenberger, 2012c). Anschaulich dargestellt ist das in Abbildung 2 in Form einer Tabelle mit Rechenbeispiel.

Stufe	**Vollmasse**	**Leermasse**	**Ausströmgeschwindigkeit**
Nutzlast	3000 kg		
Stufe 2	20000 kg	2500 kg	4200 m/s
Stufe 1	100000 kg	12500 kg	4200 m/s
Größe		**Rechenvorschrift**	**Ergebnis**
Startmasse beim Start		100000 kg + 20000 kg + 3000 kg	123000 kg
Leermasse nach Ausbrennen der Stufe 1		12500 kg + 20000 kg + 3000 kg	35500 kg
Geschwindigkeit durch Stufe 1		$4200\ \mathrm{m/s} \cdot \ln\left(\frac{12300\ \mathrm{kg}}{35500\ \mathrm{kg}}\right)$	5219 m/s
Masse beim Zünden der Stufe 2		20000 kg + 3000 kg	23000 kg
Leermasse nach Ausbrennen der Stufe 2		2500 kg + 3000 kg	5500 kg
Geschwindigkeit durch Stufe 2		$4200\ \mathrm{m/s} \cdot \ln\left(\frac{23000\ \mathrm{kg}}{5500\ \mathrm{kg}}\right)$	6009 m/s
Endgeschwindigkeit		5219 m/s + 6009 m/s	**11228 m/s**

Tabelle 1: Rechenbeispiel (Werte übernommen von Leitenberger, 2012c)

2.4 Anforderungen an die technische Umsetzung

Um das Stufenprinzip beim Raketenbau optimal umzusetzen, müssen mehrere Dinge berücksichtigt werden. So kann z. B. die Anzahl der Raketenstufen nicht ins Unendliche erhöht werden, da die Stabilität der Rakete darunter leiden würde (Alisch, 2009, 25). In Zeiten der Kommerzialisierung der Raumfahrt spielt auch der wirtschaftliche Aspekt eine immer größer werdende Rolle, weshalb zunehmend mehr auf das „Preis-Leistungs-Verhältnis" geachtet wird, als darauf, das Maximum an Leistung herauszuholen. Die Anzahl und die Struktur der Stufen einer Rakete richtet sich somit nach den Missionsanforderungen, also grob die zu befördernde Nutzlast sowie der zu erreichende Orbit (vgl. Ley, 2011, 154).

3. Antriebssysteme

Den größten Einfluss auf die Beschaffenheit haben dabei die verschiedenen Stufentechnologien, die aufgrund der unterschiedlichen Phasen des Fluges anders aufgebaut sind. Allgemein kann man sagen, dass bei den unteren Stufen auf Schub und Leistung geachtet wird, während die oberen im Hinblick auf Energieausbeute optimiert sind. Um den hohen Schub und Austrittsmassenstrom zu gewährleisten, weisen die Unterstufen ein größeres Volumen und eine größere Masse auf (vgl. Ley, 2011, 150). Auch bei Zusatzraketen, die als Starthilfe angebracht sind - sogenannte „Booster" - ist dies der Fall. Bei den Oberstufen ist es genau umgekehrt: Es wird versucht, bei möglichst wenig Treibstoffmasse eine große Austrittsgeschwindigkeit der Gase zu erzielen.

Um die Effektivität einer Treibstofftechnologie in Zahlen darzustellen, wird heutzutage anstatt der „Ausströmgeschwindigkeit der Gase" der „(massen-) spezifische Impuls" verwendet (Alisch, 2009, 25). Dieser ist eine physikalische Größe, die den Impuls (in Ns) pro Masseneinheit des Treibstoffs (in kg) angibt. Berechnen lässt er sich auch, indem man den Schub der Stufe (in N) mit der Brenndauer der Stufe (in s) multipliziert und durch die Treibstoffmasse der Stufe (in kg) dividiert (vgl. Alisch, 2009, 25). Allgemein gesagt erhöht sich der spezifische Impuls der Stufen von „unten nach oben" (vgl. Ley, 2011, 150).

3.1 Chemische Raketentriebwerke

Eines haben die Antriebe alle gemeinsam: Sie funktionieren (bisher) nach dem gleichen Prinzip. Ein chemischer Treibstoff, der aus einem Brennstoff und einem Oxidator (Sauerstoffträger) besteht, wird in einer Brennkammer verbrannt. Die daraus freigesetzte Energie sorgt dafür, dass die Gasmassen beschleunigt und letztendlich durch eine anschließende Düse kontrolliert ausgestoßen werden (vgl. Ley, 2011, 168). Weiter unterscheiden kann man bei den aktuellen chemischen Raketenmotoren nach ihren Treibstoffarten, weshalb hier (zunächst) ein grober Überblick gegeben werden soll:

Antriebsart:	**Feststoff-Antrieb**	**Flüssigkeits-Antrieb**	**Hybrid-Antrieb**
Treibstoff:	Ausgehärtete Treibstoffmasse (bestehend aus Brennstoff und Oxidator)	Zweistoffsystem mit Brennstoff und Oxidator, selten: Einstoffsystem	Feste (Lithergol) und flüssige (Oxidator) Treibstoffkomponente
Ablauf der Verbrennung:	Kontinuierlich	Kontinuierlich, Regulierung und Wiederzündung möglich	Verbrennung lässt sich unterbrechen, mehrfache Zündung möglich
System:	Zylindrisches Treibsatzgehäuse (Treibstoffbehälter ist gleichzeitig Brennkammer)	Zwei Tanks und Brennkammer, meistens Turbopumpen als Fördersystem	Zwei Tanks und Brennkammer, Pumpen
Spezifischer Impuls:	Relativ gering	Hoch	Höher als bei Feststoff-Antrieb
Sonstiges:	Leichte Handhabung: Treibstoff bei Umgebungstemperatur lagerfähig, ohne Vorbereitungen einsatzbereit; teurer Treibstoff, aber an sich preiswerte Triebwerkstechnologie	Aufwendige Maschinentechnik; giftige Treibstoffe, welche häufig nicht bei Umgebungstemperatur lagerfähig sind	Heute seltene Anwendung in der Praxis; komplizierte Technik: Pumpen müssen bestimmtes Mischungsverhältnis aufrechterhalten
Verwendung:	Antrieb für militärische Flugkörper, Booster bei Raketen	Haupttriebwerke und Oberstufen bei modernen Raketen	Bislang als Oberstufen bei Raketen

Tabelle 2: Überblick über die chemischen Treibstoffarten (zusammengestellt aus DLR, 2000, 2; Leitenberger, 2012a; Kilian, 2011, 182)

3.1.1 Feststoffantrieb

Das Feststofftriebwerk war der erste verwirklichte Raketenantrieb. Das bedeutet aber nicht, dass er vollkommen veraltet ist. Im Gegenteil: Auf diesem Gebiet wird weiterhin geforscht und der Feststoffantrieb wird noch immer vorwiegend in Form von Boostern als Starthilfe verwendet (Leitenberger, 2012b).

Für diese Nutzung sprechen verschiedene Vorteile: Zum einen ist die Technologie zuverlässiger als alle anderen und der Treibstoff lässt sich leicht lagern. Die geringeren (Gesamt-) Kosten des Antriebssystems lassen sich u. a. dadurch begründen, dass Feststoffantriebe aus viel weniger Triebwerkskomponenten aufgebaut sind: Motorgehäuse, Thermalschutz, Treibstoff, Düse und Zündsystem. Komplizierter und teurer ist allerdings die Herstellung des Treibstoffs. Die feste Substanz ist ein Einstoffsystem (Monergoler Treibstoff), d. h. Brennstoff und Sauerstoffträger sind gemischt (Ley, 2011, 172). Die ESA schreibt über die EAP-Booster der Ariane 5:

„The propellant has three main constituents:

- *ammonium perchlorate: the oxidiser*
- *aluminium powder: acts as the reducer*
- *polybutadiene: binder and catalyzer"* (ESA, 2005a).

Diese Zusammenstellung wird am häufigsten in modernen Feststoffantrieben verwendet. Gemeint ist damit der Oxidator AP (Ammoniumperchlorat), Aluminiumpulver als Katalysator (um die Gastemperaturen und den spezifischen Impuls zu steigern) und das Kunststoffharz HTPB (Hydroxyterminiertes Polybutadien), in den das alles eingebettet ist (vgl. Ley, 2011, 173). Der Vorteil der entstehenden gummiartigen Masse ist, dass diese gleichmäßig schnell abbrennt, was z. B. bei pulverförmigen Stoffen wie Schwarzpulver nicht immer der Fall ist. Eine schematische Darstellung der Treibstoffkomponenten kann man in Abbildung 3 sehen.

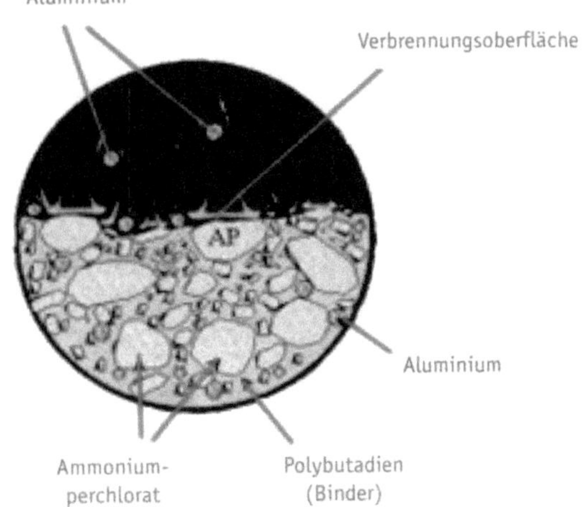

Abbildung 2: Komponenten des festen Treibstoffs (Ley, 2011, 173)

Je nach Einsatzgebiet werden von einem Triebwerk sehr unterschiedliche Schubverläufe erwartet, d. h. wie sich der Schub während des Abbrennens der Stufe ändern soll. An dieser Stelle soll der Einfachheit halber nur auf das Schubprofil der Ariane 5 eingegangen werden. Am Anfang wird ein sehr hoher Schub vorausgesetzt, der danach aber ein wenig absinken soll, da die aerodynamische Belastung, die auf die Rakete wirkt, dadurch kompensiert werden kann. Ist die maximale aerodynamische Belastung überschritten, soll der Schub wieder steigen (Weber, 2008). Um den zu erzeugenden Schubverlauf direkt zu beeinflussen, optimiert man v. a. die Abbrandfläche des Treibstoffs, da sich der Schub proportional zu dieser verhält (vgl. Buffet, 1996, 18). Bei unserem Beispiel, der Ariane 5, erfüllt das sternförmige vordere Segment der EAP-Booster der Ariane 5 (zu sehen in Abbildung 4) die Anforderungen des Schubprofils. Der Treibstoffblock brennt von „oben nach unten“ und „innen nach außen“. Somit steht zunächst, durch die gezackte Oberfläche, die größte Abbrandfläche zur Verfügung. Die Zacken brennen ab und werden kleiner, bis nur noch die zylindrische Abbrandfläche des mittleren und unteren Segments vorhanden ist. Diese nimmt dann mit dem Abbrennen wieder konstant zu.

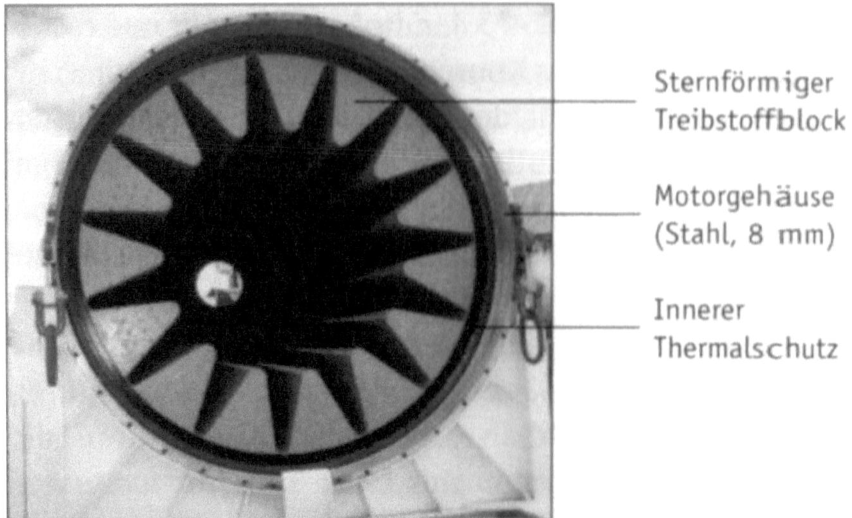

Abbildung 3: Vorderes Segment des Ariane 5-Boosters (Ley, 2011, 173)

Bis jetzt wurden nur die Vorteile des Feststoffantriebs genannt, allerdings gibt es auch Nachteile. Besonders hervorzuheben ist zunächst einmal der Unterschied zwischen Schub bzw. Leistung und spezifischem Impuls. Auch wenn die Feststoffantriebe einen hohen Schub liefern, bei der Ariane 5 ungefähr 92 % des Startschubes (vgl. ESA, 2005a), ist ihr Nachteil eindeutig der geringe spezifische Impuls. Deshalb werden sie auch nur sehr selten als Oberstufen verwendet, da dort v. a. auf die Energieausbeute geachtet werden muss (Ley, 2011, 150). Hinzu kommen noch andere Nachteile, wie die schlechtere Einschussgenauigkeit und der geringere Füllungsgrad der Booster, aufgrund der zu vergrößernden Abbrandfläche, die den Feststoffantrieb als Haupt- und Oberstufentriebwerk eher ungeeignet machen (vgl. Ley, 2011, 150, 173).

3.1.2 Flüssigkeitsantrieb

Die Technologie jener Raketenstufen ist für gewöhnlich ein Flüssigkeitsantrieb. Dieser ist ein Zweistoffsystem (Diergoler Treibstoff), bestehend aus zwei flüssigen Komponenten, was sich im Vergleich zum Feststoffsystem in einer größeren Komplexität der Technik ausdrückt (vgl. DLR, 2000, 2). Das fängt schon bei der Tankarchitektur an: Oxidator und Brennstoff werden getrennt gelagert, nur sind unterschiedliche Anordnungen der jeweiligen Tanks geläufig. Grundsätzlich gibt es drei unterschiedliche Typen, die zentrale, die toroidale und die outcentered Tankkonfiguration. Bei der zentralen Konfiguration sind beide Tanks zentral übereinander angeordnet und besitzen entweder einen gemeinsamen Tankboden oder einen komplett eigenen. Bei der toroidalen Anordnung umhüllt ein Tank den anderen und bei der outcentered Tankkonfiguration sind mehrere Tanks exzentrisch auf einer Kreislinie um die Längsachse der Stufe plaziert (Ley, 2011, 151). In Abbildung 4 sind die Booster und die Hauptstufe der Ariane 5 schematisch dargestellt, wobei man besonders schön die zentrale Tankkonfiguration erkennen kann.

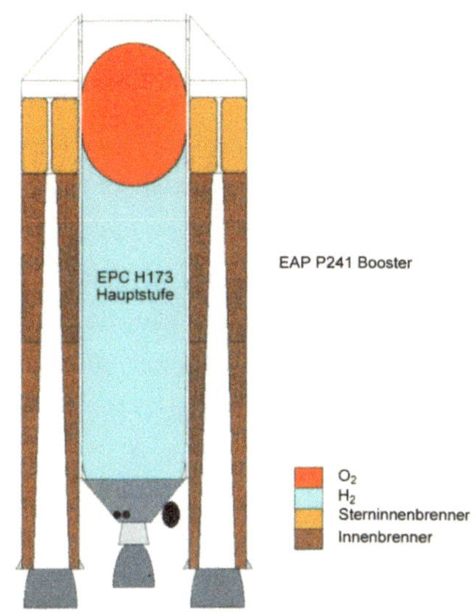

Abbildung 4: Booster und Hauptstufe der Ariane 5 (farblich verändert, Ley, 2011, 152)

Daneben gibt es unterschiedliche Treibstoffförderungssysteme, welche Oxidator und Brennstoff zur Brennkammer leiten. Für Triebwerke kleinerer Leistung bedient man sich der Lagertankbedrückung, während der Großteil der Triebwerke mit Turbopumpen arbeitet (Ley, 2011, 169, 170). Das Vulcain-Triebwerk der Ariane 5 besitzt zwei Turbopumpen. Die stärkere Wasserstoff-Turbopumpe verfügt über eine Leistung von 12 Megawatt und fördert bei 34000 Umdrehungen pro Minute 600 Liter Wasserstoff in die Brennkammer (vgl. Buffet, 1996, 18; ESA, 2005b). Damit wird der benötigte Druck von ca. 100 bar gewährleistet, der auch auf den Schub Einfluss nimmt (vgl. Ley, 2011, 170, 171).

Generell sind für Haupt- und Oberstufen viele Treibstoffkombinationen möglich, da unterschiedliche Gemische auch unterschiedliche Vorteile haben. So wurde die Mischung N_2O_4 (Distickstofftetroxid) mit N_2H_4 (Hydrazin oder Hydrazinverbingungen) lange Zeit vorgezogen, da sie gute Lagereigenschaften auszeichnet und kein externer Zünder benötigt wird, da sie beim Zusammenkommen ohne Zündung reagieren (Ley, 2011, 169). Man nennt eine solche spontan zündende Treibstoffmischung auch hypergol. In Abgrenzung dazu gibt es dementsprechend auch nicht-hypergole Mischungen, wie z. B. Wasserstoff mit Sauerstoff, die fremdgezündet werden müssen (vgl. DLR, 2000, 3). „Generell gilt für Oberstufentriebwerke die Treibstoffkombination H_2/O_2 als optimal […]“ (Ley, 2011, 169). Gründe hierfür gibt die NASA:

„Hydrogen -- a light and extremely powerful rocket propellant -- has the lowest molecular weight of any known substance and burns with extreme intensity (5,500°F) [ca. 3040°C; Anm. d. Verf.]. *In combination with an oxidizer such as liquid oxygen, liquid hydrogen yields the highest specific impulse, or efficiency in relation to the amount of propellant consumed, of any known rocket propellant"* (Zona, 2010).

Diese Treibstoffkombination hat also einen hohen spezifischen Impuls, ja sogar den höchstmöglichen, wenn man Abbildung 5 betrachtet. An dieser Stelle sei anzumerken, dass das „Mischungsverhältnis *O/F* [-]“ das Verhältnis von Oxidator (*O*) zu Brennstoff (*F* wie Fuel) angibt. Außerdem steht das „L“ vor einigen Oxidatoren sowie vor der Treibstoffmischung LO_X-LH_2 für „liquid“, also „flüssig“ und beschreibt den Aggregatszustand des Treibstoffs.

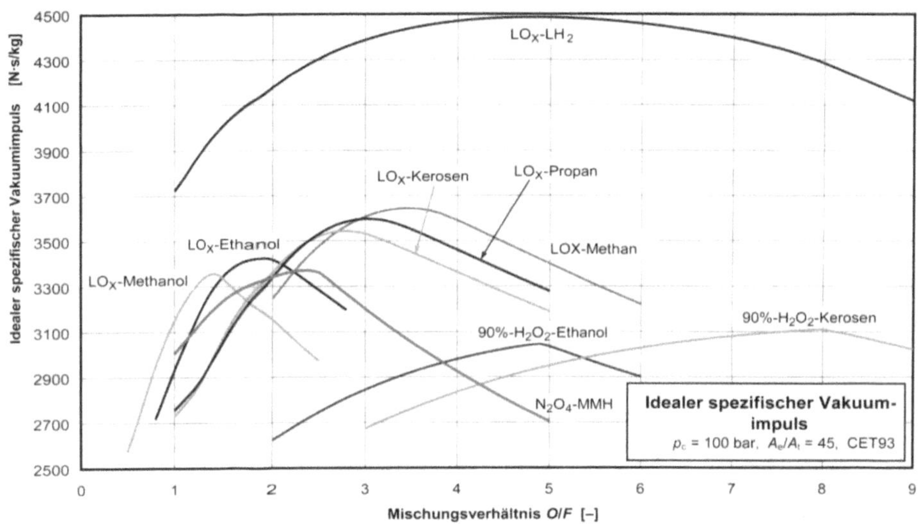

Abbildung 5: Spezifischer Impuls verschiedener Treibstoffkombinationen (Ley, 2011, 169)

Da Sauerstoff und Wasserstoff bei Umgebungstemperatur gasförmig sind, müssen große technische Herausforderungen überwunden werden, um den sogenannten kryogenen Antrieb erfolgreich zu betreiben (vgl. Zona, 2010). Das Hauptproblem liegt darin, den Treibstoff konsequent in seinem kaltflüssigen Zustand bei $-184°C$ für Sauerstoff und $-251°C$ für Wasserstoff zu lagern (vgl. ESA, 2005b). Es ist schon erstaunlich, dass dieses Vorhaben tatsächlich technisch umsetzbar ist, wenn man bedenkt, dass der absolute Nullpunkt der Temperatur bei $-273{,}15°C$ liegt (Meyer, 2009, 26). Spezielle Probleme, die überwunden werden müssen, sind z. B. die Abschirmung von großen Temperaturunterschieden des Triebwerks. So muss z.B. beim Vulcain-Triebwerk der EPC-Hauptstufe (zu sehen in Abbildung 6) die Turbopumpe des Flüssigwasserstoffs bei einer Betriebstemperatur von $-251°C$ laufen, während die Brennkammer, welche nur 50 cm entfernt ist, Temperaturen von ca. $1500°C$ entwickelt (vgl. ESA, 2005b).

Abbildung 6: Vulcain-Triebwerk der Ariane 5 (ESA, 2005b)

Außerdem besteht die Gefahr, dass metallische Bauteile, die den entstehenden niedrigen Temperaturen des kryogenen Triebwerks ausgesetzt sind, brüchig werden können (vgl. Zona, 2010). Auch die extrem dünnen Tankwände (1,3 mm für den Wasserstoff und 4,7 mm für den Sauerstoff) aufgrund der zu erstrebenden geringen Leermasse stellen die Konstrukteure vor Probleme (vgl. Zona, 2010; ESA, 2005c). Ausgeklügelte Kühlsysteme und das Aufbauen von Druck im Tank nach dem Ausbrennen der EPC-Hauptstufe helfen, die Kryotechnik umsetzbar zu machen (vgl. Ley, 2011, 178; ESA, 2005c). Dass sich der Aufwand trotzdem lohnt, zeigt nicht nur die enorm hohe Leistung, die erzielt werden kann, sondern auch die Tatsache, dass die Ariane 5 sehr flexibel ist im Hinblick auf unterschiedliche Missionsszenarios (vgl. ESA, 2011).

Zusammengefasst gilt also für Flüssigkeitsantriebe, dass sie aufwendige Maschinentechnik besitzen, die die Kosten erst rechtfertigen kann, wenn unbedingt auf den spezifischen Impuls geachtet werden muss. Dieser ist nämlich unvergleichlich hoch. Außerdem ist diese Antriebsart vom Schub her regulierbar (durch die Turbopumpen) und wiederzündbar, was für bestimmte Missionsanforderungen von Bedeutung sein kann.

3.1.3 Hybridantrieb

Ebenfalls wiederzündbar ist ein anderes Triebwerk, nämlich der Hybridantrieb. Da dieser aber nur selten in der Praxis verwendet wird, soll auf diesen nur kurz eingegangen werden.

Die Idee, die hinter diesem Raketenmotor steckt, ist, dass man die Vorteile vom Feststoff- und Flüssigkeitsantrieb in einem kombiniert, weshalb er eben einen Hybriden darstellt (vgl. Leitenberger, 2012a). Der Brennstoff ist in der Regel fest und wird als Lithergol bezeichnet, wobei der Oxidator flüssig oder gasförmig ist (vgl. DLR, 2000, 3; WARR, 2012a). Durch diese Einteilung ergibt sich ein vereinfachter Aufbau, da nur für den Oxidator ein Fördersystem benötigt wird. Außerdem lässt sich der Schub des Antriebs regeln und notfalls abschalten (WARR, 2012a). Dadurch ist eine höhere Zuverlässigkeit gegenüber Flüssigkeits- und Feststoffantrieb gegeben, weshalb der Hybridantrieb im SpaceShipOne und - voraussichtlich - im SpaceShipTwo der privaten Raumfahrtfirma Virgin Galactic verwendet wird (vgl. Virgin Galactic, 2012). Nachteile hingegen sind, dass der spezifische Impuls nicht an den des Flüssigkeitsantriebs herankommt und dass der Aufbau trotzdem komplizierter ist als der von Feststoffboostern (vgl. WARR, 2012a). Zwar ist es möglich, den spezifischen

Impuls durch Beryllium oder Berylliumhydrid als Brennstoff über den Wert von H_2/O_2 zu steigern, jedoch ist Beryllium ein seltenes und teures Metall (vgl. Leitenberger, 2012a). Aufgrund dieser Nachteile ist es nicht verwunderlich, dass man sich in der nicht-privaten Raumfahrt dafür entschieden hat, Feststoffantrieb und Flüssigkeitsantrieb weiterzuentwickeln.

Jedoch gibt es eine Arbeitsgruppe der Technischen Universität München, die WARR (Wissenschaftliche Arbeitsgemeinschaft für Raketentechnik und Raumfahrt), die weiterhin auf dem Gebiet des Hybridantriebs forscht. Einen Erfolg können sie schon verbuchen: Sie haben die erste deutsche Hybridrakete „Barbarella" konstruiert, die am 12. März 1974 erfolgreich startete (vgl. WARR, 2012b).

4. Ausblick in die Zukunft

Die kryogenen Triebwerke stellen zurzeit das Maximum an erreichbarer Leistung für Raketen dar. Aber Leistung ist nicht alles. In Zukunft werden ganz andere Aspekte an Bedeutung gewinnen. Zu diesen zählen z. B. Kostenreduzierung und eine höhere Zuverlässigkeit durch neue Technologien (vgl. Ley, 2011, 147).

4.1 Verbesserung an Bauteilen

Die Bauteile der chemischen Raketenantriebe, die sich nicht mehr großartig verbessern lassen, sind die Turbopumpen und die Brennkammer, da auf diese schon jetzt enorme Kräfte und Temperaturen wirken. Selbst neue Entwicklungen von widerstandsfähigeren Materialien würde sie nur wenig effizienter machen. Dagegen würden Verbesserungen an den Kühlsystemen schon ertragreicher sein (vgl. Ley, 2011, 191).

4.2 Kombinationstriebwerk

Ein neuer Ansatz ist, das Startgewicht der Rakete zu reduzieren, indem man einen sogenannten Kombinationsantrieb, vergleichbar mit dem Strahltriebwerk eines Flugzeugs, entwickelt (vgl. Ley, 2011, 191). Dabei wird insofern Gewicht eingespart, da der Oxidator, der ja bei der Rakete sonst immer „mitgeschleppt" wurde, wegfällt. Stattdessen nutzt die Rakete den Luftsauerstoff während des Aufstiegs durch die Atmosphäre, den sie mithilfe einer Turbine ansaugt (vgl. Buffet, 1996, 20, 21). Jedoch ist es bisher noch nicht gelungen, den Antrieb in einem raumfahrttauglichen Modell zu realisieren (vgl. Ley, 2011, 191).

4.3 Erfolgsversprechende, neue Treibstoffe

Dagegen gibt es ein Gebiet, wo noch Leistungssteigerungen erzielt werden können, nämlich die Untersuchung bzw. Herstellung von neuen Treibstoffmischungen.

4.3.1 Methan als Brennstoff

So reiht sich LO_x-Methan in Abbildung 5 vom größten erzielbaren spezifischen Impuls zwischen LO_x-LH_2 und LO_x-Kerosin ein. Deshalb wird seit einigen Jahren in Europa, den USA und Japan untersucht, ob sich diese Mischung als Treibstoff eignen würde. Vorteile von Methan sind, dass es ein „Green Propellant" ist, was bedeutet, dass der Treibstoff umweltfreundlich und ungiftig ist. Auch die einfachere Handhabung und die geringeren Kosten im Vergleich zu Wasserstoff geben Grund zur vertieften Forschung (vgl. Ley, 2011, 169). Was aber außerordentlich für die zukünftige Verwendung von Methan spricht, ist die Tatsache, dass Methan auf vielen Planeten vorkommt, weshalb es denkbar wäre, den Treibstoff für Missionen im äußeren Sonnensystem „vor Ort zu besorgen" (vgl. Ehrhardt, 2007). Jedoch muss auch den Nachteilen Rechnung getragen werden, denn es müssten für diesen Treibstoff komplett neue Systeme entwickelt werden, da er bisher nicht verwendet wurde (vgl. Ley, 2011, 169). Außerdem ist flüssiges Methan erst bei ca. $-162°C$ lagerfähig (vgl. Ehrhardt, 2007). Es handelt sich also wieder um komplizierte Kryotechnik. Jedoch ist die Lagertemperatur von Methan mit weitaus geringerem Aufwand verbunden als bei Wasserstoff. Ein Raketentriebwerkstest der NASA in der Mojave Wüste 2007 sah bereits vielversprechend für die Anwendung von Methan aus (vgl. Ehrhardt, 2007).

4.3.2 ALICE

Ebenfalls erfolgsversprechend ist die Verwendung eines neuen Festbrennstoffes: ALICE. Es handelt sich hierbei um ein Gemisch aus Aluminium und Wassereis (Al + Ice = ALICE). Dass Aluminium sehr reaktionsfreudig ist, zeigt z. B. die Verwendung mit Eisenoxid als Thermit (vgl. Strobel, 2009). Das Problem ist nur, dass Aluminium sofort mit Sauerstoff reagiert, weshalb eine Oxidschicht entsteht, die weitere Reaktionen unterbindet. Die Lösung hierfür lautet Nano-Aluminium (nAl). Die winzigen Aluminiumkörner mit einem Durchmesser von rund 80 Nanometern sorgen dafür, dass die Oxidschicht so klein bleibt, dass sie einfach zerbricht. Beim Abbrennen von ALICE „entreißt" das nAl dem Wasser den Sauerstoff, wodurch als Produkte Wasserstoff und Aluminiumoxid entstehen. Beide Produkte sind umweltfreundlich, demnach handelt es sich auch hier um einen „Green Propellant" (vgl. Callier, 2009).

Der große Vorteil von ALICE besteht darin, den Wasserstoff nutzen zu können, entweder durch Verbrennung zur weiteren Schubsteigerung oder für den Betrieb von Brennstoffzellen (vgl. Strobel, 2009; Becker 2009). ALICE wäre nach Berechnungen dann wesentlich effektiver als bisherige Festbrennstoffe. Auch handelt es sich bei den Komponenten um Elemente, die sehr häufig als Verbindungen im Sonnensystem vorkommen, weshalb eine Erzeugung des Treibstoffes vor Ort möglich wäre (vgl. Callier, 2009). Größter Nachteil ist die aufwendige Herstellung des Nano-Aluminiums, welches im Hochvakuum einer 10000°C heißen Plasmaflamme gewonnen werden muss (vgl. Strobel, 2009). Meiner Meinung nach wird dieser Umstand aber in weiterer Zukunft wegfallen, da die Nanotechnologie zunehmend industrieller wird, weshalb auf lange Sicht die Herstellungskosten sicher sinken würden.

Abbildung 7: ALICE-Testrakete der Purdue University (Callier, 2009)

5. Fazit

Wie bei vielen technischen Errungenschaften der Naturwissenschaften ist der Ansatz der Raketenantriebe recht simpel und verständlich. Geht es jedoch darum eine einfache Idee in der Realität umzusetzen, wird aus diesem schnell ein kompliziertes und umfassendes Teilgebiet. Es ist also kein Wunder, dass man Luft- und Raumfahrttechnik als separates Studium der Ingenieurswissenschaften wählen muss. Die vorangegangenen Seiten sollten gezeigt haben, dass es deshalb auch nicht so einfach ist, die Technik der Raketen kompakt zusammenzufassen. Die unterschiedlichen Antriebsarten wurden tatsächlich nur kurz angerissen und es wäre möglich, zu jedem Triebwerk eine komplette Arbeit zu schreiben. Wer den aktuellen Stand der Raumfahrttechnik erfahren möchte, dem kann ich nur das „Handbuch der Raumfahrttechnik" von Wilfried Ley, Klaus Wittmann und Willi Hallmann empfehlen. Ich habe keine vergleichbare Quelle gefunden, die dieses Themengebiet so umfassend und anschaulich darstellt.

6. Literaturverzeichnis

Alisch, T. (2009): Geschichte der Raumfahrt. 1. München.

Becker, M. (23.10.2009): Neuer Treibstoff. Raketen fliegen mit Eis und Aluminium. in: http://www.spiegel.de/wissenschaft/technik/neuer-treibstoff-raketen-fliegen-mit-eis-und-aluminium-a-656774.html. 30.10.12.

Buffet, P. (1996): WAS IST WAS space. Abenteuer Raumfahrt. 1. Nürnberg.

Callier, M. (21.08.2009): AFOSR and NASA Launch First-Ever Test Rocket Fueled by Environmentally-Friendly, Safe Aluminium-Ice Propellant. in: http://www.wpafb.af.mil/news/story.asp?id=123164277. 30.10.12.

DLR (2000): Schulinformation Raumfahrt. Raketentechnik. in: http://www.leifiphysik.de/web_ph11/umwelt-technik/05rakete/raketentechnik.pdf. 02.09.12.

DLR (2012): Wie kommt eine Rakete ins Weltall?. in: http://www.dlr.de/next/desktopdefault.aspx/tabid-6805/11165_read-25463/. 07.10.12.

Ehrhardt, F. (07.05.2007): Raketenantrieb mit Methan. in: http://www.astris.de/news/1017.html. 30.10.12.

ESA (21.06.2011): Technology. in: http://www.esa.int/SPECIALS/Launchers_Home/SEMZ1BUTLKG_0.html. 29.10.12.

ESA (24.11.2005a): Boosters (EAP). in: http://www.esa.int/SPECIALS/Launchers_Access_to_Space/ASEDYQI4HNC_0.html. 19.10.12.

ESA (29.11.2005b): Vulcain engine. in: http://www.esa.int/SPECIALS/Launchers_Access_to_Space/ASELVQI4HNC_0.html. 29.10.12.

ESA (30.11.2005c): Cryogenic main stage (EPC). in: http://www.esa.int/SPECIALS/Launchers_Access_to_Space/ASEZXQI4HNC_0.html. 28.10.12.

Kilian, U. (2011): wie funktioniert das?. Die Technik. 6. akt. Aufl. Wemding.

Leitenberger, B. (2012a): Hybride Antriebe. in: http://www.bernd-leitenberger.de/hybride-antriebe.shtml. 07.09.12.

Leitenberger, B. (2012b): Feststofftriebwerke. in: http://www.bernd-leitenberger.de/feststofftriebwerke.shtml. 07.10.12.

Leitenberger, B. (2012c): Die Raketengrundgleichung. in: http://www.bernd-leitenberger.de/raketengrundgleichung.shtml. 02.09.12.

Ley, W., Wittmann K., Hallmann W. (Hrsg.): (2011) Handbuch der Raumfahrttechnik. 4. akt. u. erw. Aufl. München.

Meyer, L. (2009): Naturwissenschaftliche Formelsammlung für die bayerischen Gymnasien. 1. Calbe.

Strobel, R. (27.08.2009): Neuer Raketentreibstoff aus Aluminium und Wasser dank Nanotechnologie. in: http://www.sterne-und-weltraum.de/alias/raumfahrttechnik/neuer-raketentreibstoff-aus-aluminium-und-wasser-dank-nanotechnologie/1005595. 30.10.12.

Virgin Galactic (2012): Safety. The North Star. in: http://www.virgingalactic.com/overview/safety/. 29.10.12.

WARR (2012a): Hybridantriebe. in: http://www.warr.de/raketentechnik/hybrid. 29.10.12.

WARR (2012b): Über die WARR. in: http://www.warr.de/warr/ueber. 29.10.12.

Weber, W. (Oktober 2008): Ariane-Trägerrakete. in: http://news.astronomie.info/sky200810/thema.html. 13.10.12.

Zona, K. (29.07.2010): Liquid Hydrogen -- the Fuel of Choice for Space Exploration. in: http://www.nasa.gov/topics/technology/hydrogen/hydrogen_fuel_of_choice.html. 29.10.12.